農田排水治理工程成果圖輯

雲林縣林內鄉林內八卦池分水工

序言

農田水利建設為農業重要基礎建設，與農業發展及糧食安全息息相關，更影響農村經濟發展。近年因受極端氣候事件影響以及水文降雨型態改變，致降雨強度增加，已超過原農田排水設計標準。為加速排除氣候變遷所增加之降雨量，減少農田淹水事件發生，實有重新檢討農田排水設計標準之必要性。

為改善農業產區因經常性淹水導致農業損失問題，農委會從易淹水地區水患治理計畫開始至流域綜合治理計畫，與經濟部及內政部齊力合作改善水患問題。農委會於辦理流域綜合治理計畫六年期間，補助宜蘭、苗栗、南投、彰化、雲林、嘉南、屏東及花蓮等農田水利會，共辦理 121 件農田排水改善工程，其中包含宜蘭縣（宜蘭市、三星鄉）、彰化縣（溪州鄉）、雲林縣（二崙鄉、西螺鎮）及嘉義縣（新港鄉）等重要蔬菜產區，可降低 158 平方公里重要農業高淹水潛勢地區之水患問題，及改善重要蔬菜產區生產環境。

為使民眾瞭解流域綜合治理計畫農田排水之治理精神及治理成效，本會特別編印「農田排水治理工程成果圖輯」，除收錄農田水利工程外，並納入工程鄰近地區之特色人文地景，期使民眾透過瞭解相關工程治理情形，進而關心並支持整體治水計畫之推動，並可提供農村地景地貌資訊，作為民眾農業休閒遊憩之參考。

行政院農業委員會農田水利處長

謝勝信 謹識

中華民國 108 年 12 月

目錄

十三股大排壯東 A-6 中排及 A-6-3 小排

宜蘭縣壯圍鄉物阜民豐，水質優良，產業以農漁業為主，十三股地區相較於現今地籍資料，約屬忠孝村東北部及過嶺村西北部一帶，相傳先民來此地開墾時，主要有 13 人，每人 1 股因此稱為十三股，本地所生產蓬萊稻米香氣及口感質優，被譽為全臺重要穀倉之一。

早期壯圍地區的柯仔林（功勞村）、十三股（忠孝村）等地，因排水不良，遇雨成災，水患頻仍。宜蘭地區諺語：柯仔林作大水－無壩，用來形容所託非人沒有保障（「無壩」與「無保」讀音相近），因早期當地堤壩常被沖毀，洪水氾濫毫無保障。

民國 53 年十三股大排整治蛻變，被譽為壯圍地區的希望之河，不僅柯仔林、十三股等地水患獲得緩解，農作物產量也因而大增，河渠內魚蝦貝蚌頗豐，成為地區居民「摸蜆兼洗褲」的好所在。

時過境遷，隨著快速的都市村落發展、農地種植面積增加，並受氣候變遷影響，十三股大排逐漸無法負荷壯圍鄉大福、新社、永鎮、古亭、忠孝及功勞村等地區之農業、社區及道路排水量，每遇豪雨逕流量大增，且下游易受潮汐水位頂托，洪水宣洩不易，易氾濫成災。有鑑於此，行政院農業委員會及宜蘭農田水利會配合宜蘭縣政府的十三股大排改善工程，於流域綜合治理計畫改善十三股大排壯東 A-6 中排及 A-6-3 小排，並已於民國 104 年 6 月完工。

十三股大排壯東 A-6 中排及 A-6-3 小排改善工程

執行單位：臺灣宜蘭農田水利會

完工時間：104 年 6 月

保護面積：A-6 中排：39.3 公頃

　　　　　A-6-3 小排：18 公頃

工程內容：A-6 中排：排水路 370 公尺

　　　　　A-6-3 小排：排水路 700 公尺

坐標位置：24.7851 N, 121.8096 E

❶ ❷

❸

❶ 壯東 A-6-3 小排
排水路筆直分劃兩側農地,為該地區之重要排水路之一。

❷ 壯東 A-6 中排
蒐集兩側農田及小排之剩餘水,匯入十三股大排。

❸ 壯圍鄉地景
於中央大橋上向下俯瞰,可看見稻田中彩繪的企鵝圖樣。

梅洲八中排

宜蘭縣梅洲地區位於宜蘭市北側，屬一般農業地區，作物以稻米為大宗，其次為蔬果、花卉，以及零星之養殖業。地勢由西北向東南緩降，全區治水計畫可概略以雪峰路分割為高地及低地排水，高地可藉由重力進行排水，而低地區域雖緊鄰宜蘭河，但因整體地勢低窪，洪水來臨時無法快速且有效的將內水排入宜蘭河，以及部分通水瓶頸為該地區的淹水主因。

宜蘭農田水利會於 106 年流域綜合治理計畫提報相關改善需求，除拓寬排水路以符合現況農田排水設計標準外，並針對通水瓶頸處一併進行改善，以減輕本地淹水災害。

梅洲地區水質清澈乾淨，不論灌溉或排水渠道皆可見大量魚類棲息，為避免渠道改善後破壞當地生物棲地，宜蘭農田水利會於渠道中設置多樣的生態友善設施，以減輕及補償方式修復原有之生態系，包含於渠底開孔填石的生態孔可提供水生生物避敵之空間，並補注地下水以涵養水源；渠牆底部開孔連通之生態管，則具有提供生物棲息及產卵等功能；並於底床設置 20 公分高之束水梗，當颱風豪雨事件發生時，渠道中水位高，不影響通洪；枯水期時，則可減緩水流，營造多樣化流況，以多層次的考量保護水生生物之生存空間，以達到營造生物棲地之效果。

梅洲八中排改善工程

執行單位：臺灣宜蘭農田水利會
完工時間：107 年 10 月
保護面積：26.5 公頃
工程內容：排水路 926 公尺
坐標位置：24.7605 N, 121.7419 E

❶ 常流水流況
渠道中設置的束水梗可使水流產生多樣化的流況。

❷ 低水位流況
若渠道中水流呈現低水位，束水梗可減緩水體之流動，提供水生生物棲息空間。

❸ 梅洲八中排
排水路位於梅洲地區下游，匯集周邊農地之灌溉剩餘水排入宜蘭河中。

❹ 慶和橋
跨越宜蘭河的慶和橋，上有提供給民眾行走的「梅津棧道」，橋下則有濱臨河岸的寬闊草地。

❺ 宜蘭百年磚窯
13 座紅磚窯與一支 37 公尺高的煙囪，鐫刻了百年前的風華。

平行水路協和九中排

冬山河位於蘭陽平原，流經宜蘭縣冬山鄉及五結鄉，屬於中央管河川蘭陽溪支流之一，水資源豐沛，加上土壤肥沃，下游五結鄉所生產的越光米及五農米品質優良，口感及香氣迷人，為當地特色產物之一。

早期五結鄉因地處低窪，一旦遇大雨隨即成災，政府為解決當地居民困擾，於冬山河中下游地區進行截彎取直工程，並於下游河畔處規劃景觀優美的風景遊憩區，包含冬山河親水公園、傳統藝術中心等，為臺灣東部地區著名的遊憩觀光景點。

鄰近冬山河排水系統之平行排水、打那岸排水及林和源排水因地勢低窪，颱風豪雨期間，常因內水蓄積無法排出，考量排水負荷需求增加，行政院農業委員會及宜蘭農田水利會配合宜蘭縣政府之平行排水改善工程，於流域綜合治理計畫改善平行排水協和九中排，以達到區域整體治理之成效。

平行水路協和九中排等改善工程 – 平行水路協和九中排

執行單位：臺灣宜蘭農田水利會
完工時間：104 年 7 月
保護面積：19.1 公頃
工程內容：排水路 400 公尺
坐標位置：24.6802 N, 121.8172 E

❶ 平行水路協和九中排
　　水路及農路筆直的分割兩側農地。

❷❸ 休耕期
　　受限於颱風及東北季風，宜蘭稻米屬一期作物，
　　休耕期會將多餘之水資源引入農地內蓄存。

④ 五十二甲濕地
　位於冬山河右岸的國家級溼地，擁有 170 種鳥類棲息，及數種珍稀植物的草澤環境。

⑤ 水與稻
　排水路旁是一片鬱鬱蔥蔥的稻田，平時排除水田內剩餘水，災時則負責排除集水區內洪水。

國民排水

宜蘭縣五結鄉位於蘭陽平原東南隅，介於蘭陽溪右岸與冬山河的出海口一帶。相傳當時由林、陳、張、黃、簡五姓先民家族集體來此開墾，藉由「五」個家族「結」合，故稱為五結。本地產業以農業及觀光業為主，並擁有豐富生態資源。

五結鄉因位於冬山河低窪地區，受氣候變遷之影響，於 104 年度蘇迪勒颱風、105 年度梅姬颱風事件中，因雨量產生的逕流量遠大於農田排水設計標準，且因地處低窪，內水無法順利宣洩，導致嚴重淹水災情。

行政院農業委員會及宜蘭農田水利會配合宜蘭縣政府的四結排水護岸整建緊急工程改善工作，於流域綜合治理計畫改善國民排水，工程完工後可有效活絡五結地區之排水網路，加速內水排除，藉以改善地區淹水問題，工程採用矩型溝搭配生態管及於渠底設置束水埧，營造近自然環境。

❶ 曲行

    渠道蜿蜒穿梭於農地間,流暢的弧線也不失為一番美景。

國民排水改善工程

執行單位:臺灣宜蘭農田水利會
完工時間:107 年 10 月
保護面積:59.7 公頃
工程內容:排水路 1,084 公尺
坐標位置:24.6899 N, 121.7940 E

❸
❷ ❹

❷ 國民排水
　國民排水匯集沿途之農田剩餘水後,最終流入
　四結排水中。

❸❹ 乾砌塊石渠道
　以塊石砌成的渠牆,形成許多孔洞提供生物爬
　行或依附,以營造環境生態。

大埔排水電動制水門

宜蘭縣三星鄉為臺灣重要農業產區,主要作物除水稻外,三星青蔥更是全國聞名,約佔鄉內總體蔬菜種植面積之 7 成,本地種植模式多採青蔥與水稻輪作栽培,其他作物如白蒜、文旦柚、銀柳及花卉等,也在臺灣農產市場中扮演重要角色,103 年列為農糧作物保全計畫之重要蔬菜產區,並挹注經費進行農田排水改善及輔導農民設置農業栽培設施,以減少蔬菜作物因淹水災害損失及強化作物生長環境。

大埔排水全長 1.37 公里,集水區面積約為 430 公頃,為安農溪之支流,主要負責右岸大隱村大埔地區之排水,集水區內涵蓋社區、教育及社福機構,屬人口稠密地區,既有固定式攔水堰僅有取水功能,無法於洪水到達時進行調節,導致排水斷面不足,於 98 年芭瑪颱風及 99 年梅姬颱風皆於當地造成淹水災害,宜蘭農田水利會於 104 年流域綜合治理計畫中向行政院農業委員會爭取相關經費進行改善。

新設之制水門採捲揚機之設計,可手動或電動進行操作,以便於洪水到達時迅速反應,恢復完整之通水斷面,避免因阻水而使上游排水困難造成溢淹。另外,因制水門升起後,造成水位落差,恐阻擋水中魚類洄游,本工程考量渠道之生態性,於水門右側設計有魚梯,提供魚類往返渠道上下游,恢復被截斷之生物棲地。

大埔排水電動制水門等改善工程

執行單位：臺灣宜蘭農田水利會
完工時間：104 年 12 月
保護面積：48.1 公頃
工程內容：制水門 1 座
坐標位置：24.6760 N, 121.7125 E

 ❶

 ❷

❸

❶❷ 制水門與固床工

　　因制水門關閉而被抬升之水流,將被導流至周圍地區農田進行灌溉。固床工設置於下游處,形狀如一塊塊排列整齊的豆腐,具有保護結構基礎不被下刷水流掏空之功用。

❸ 改善前

　　改善前的攔河堰橫向阻斷了水路,颱風豪雨來臨時被阻擋的水流無法順利傳導至下游,將溢淹至周遭地區。

❹ 青蔥分株

三星地區以青蔥聞名，採用分株法栽培，並定植到用稻草鋪滿的田畦中。

❺ 魚梯

制水門關閉後，造成水位落差，阻擋魚類洄游，設置魚梯可重新連結被截斷之生物棲地。

❻ 大洲車站

昔日的大洲車站為羅東森林鐵道的一員，已於 1979 年廢止，現做為文物館使用。

安農三石圍二中排

安農溪，昔稱電火溪，為蘭陽平原之主要灌溉河流，流經三星鄉精華區域，因日治時期日本在天送埤設立水力發電廠，其為發電後之尾水道，電火溪之名稱油然而生，不僅提供蘭陽平原電力，也提供農作灌溉之水源。1982 年（民國 71 年）時任臺灣省政府主席林洋港視察時，有鑑於溪水提供豐富的水資源灌溉農田，安定農民生活，故將其改稱為「安農溪」。

茲因近年政府致力於推動當地觀光產業，亦因安農溪主要水源為電廠發電後源源不絕的發電剩餘尾水，其流量穩定、豐沛且終年不枯，使安農溪為全宜蘭縣僅有的泛舟河段，結合溪流兩側之自行車步道及綠帶公園，每年吸引數量龐大之遊客慕名前往，帶動地方商機。

三星地區位於蘭陽平原最西側，為平原中地勢最高的地方，直接與山地對接，三面環山、一面向海陡峭之地形，強降雨時水流將迅速匯集至低地，而因部分水路通水瓶頸段宣洩不及，容易積洪成災，近年 103 年 7 月麥德姆颱風、104 年 8 月蘇迪勒颱風及 9 月之杜鵑颱風，都造成三星地區嚴重農損。

安農三石圍二中排系統，位處安農溪及三星排水之間，負責區域內之農田排水排放，於末端匯入三星排水後，最終匯入安農溪內。因既有渠道排水斷面不足且護岸土渠坍塌，導致匯集之雨水積留，排洪緩慢，形成排水瓶頸點並溢淹至周圍農地，行政院農業委員會於流域綜合治理計畫第 2及 3 期補助宜蘭農田水利會進行渠道治理工程，以保障當地之民生及作物安全。

三星排水安農三石圍二中排系統改善工程
（第一、二期）

執行單位：臺灣宜蘭農田水利會
完工時間：107 年 10 月
保護面積：70.8 公頃
工程內容：排水路 1,759 公尺
　　　　　水門 2 座
坐標位置：24.6750 N, 121.7057 E

❶ 結合人文及生態

農民於渠道側搭設棚架種植植物，除供食用外，可提供渠道內生物遮蔭，掉落至渠道內之葉子及果實，則可提供水生生物食物來源。

❷ 安農三石圍二中排

收納周圍兩側良田之排水，保障附近地區人民與作物安全。

❸ 安農溪分洪堰

看似鏡射般的兩條溪流，分別負責灌溉三星鄉及冬山鄉，安定農民生活。

❹❺ 行建村牛頭橋

橋欄上可以看到牛頭及戴斗笠的農夫挑著米籮的造型，具有濃厚農村氣息。

興台排水制水門

霧峰，古稱阿罩霧（平埔族語 Ataabu 音譯），位於臺中市南端臺中盆地與霧峰丘陵間的過渡地帶，與南投縣國姓鄉、草屯鎮及彰化縣芬園鄉相鄰。清代漢人移民開墾時設有許多私有埤圳灌溉，水利發達、農產豐富，屬於臺灣中部較早開發之區域，區內有眾多文史藝文設施，近年更發展博物館文化，有文化小城美名。

霧峰區之農業生產，以國道 3 號為分界，東側為丘陵地形，主要種植荔枝、龍眼、香蕉、鳳梨等作物；西側盆地則是稻米產地，種出的益全香米曾獲得全國總冠軍及十大經典好米，以益全香米釀造的清酒為臺灣具代表性清酒；菇類產出種類亦十分豐富，金針菇日產量為世界之首。

興台排水屬於后溪底排水系統，位於大里溪左岸，地勢低窪排水不良，逢暴雨易淹水成災，加上部份渠道通水能力不足，遇短延時強降雨容易因排水不順，造成鄰近農田、住戶淹水。本工程改善既有兩處混凝土固定堰，其上游淤積且暴雨時易阻礙水流，故拆除其中一座，改建自動倒伏堰，在水位升高時自動倒伏以調節水量，宣洩排洪，側邊增建迴歸水使用之箱涵，亦可容納瞬時洪峰水量。

興台排水改善工程

執行單位：臺灣南投農田水利會
完工時間：104 年 4 月
保護面積：173.6 公頃
工程內容：倒伏堰 1 座
　　　　　排水路 105 公尺
　　　　　水門 2 座
坐標位置：24.0503 N, 120.6670 E

❶

❷　　❸

❶❷❸ 興台排水制水門
　　　制水門啟動後將渠道中的水位抬升，以藉由重力將水引入農田灌溉。

④｜⑥

⑤｜⑦

④⑤ 九二一地震教育園區

　　保留霧峰鄉光復國中基地中的斷層錯動、倒塌校舍、河床隆起等地貌，規劃改建「九二一地震教育園區」，以保存地震原址，記錄地震史實。

⑥⑦ 霧峰林家宅邸與萊園

　　「臺灣五大家族」之一的霧峰林家於 19 世紀中期開始發跡，目前於霧峰區所保留下來的林家宅邸及萊園，彷彿為臺灣建築的縮史，屬於國定古蹟。

番仔圳排水

番仔圳排水支線屬車籠埔排水系統之農田排水，位於臺中市霧峰區，因既有排水路斷面通洪能力不足，造成鄰近農田及較低窪處之住戶逢豪雨即淹水成災，考量排水治理工程應由下游往上游進行整體性規劃，以避免災害轉移，且經濟部水利署第三河川局於車籠埔排水中下游段大致已改善整治完妥，相關工程可順利銜接，經民眾陳情及附近居民建議，為改善該地區農田排水系統，遂由南投農田水利會依排水路之現況及保護標準進行相關工程之設計及改善，因本線水路屬灌排兩用，改善後除上下游引水灌溉獲得穩定的迴歸水源外，沿線之作物於颱風豪雨時也將降低淹水情形的發生與受災程度。

番仔圳排水改善工程（第二期）

執行單位：臺灣南投農田水利會
完工時間：104 年 12 月
保護面積：79 公頃
工程內容：排水路 648 公尺
坐標位置：24.0397 N, 120.6880 E

❶❷ 番仔圳排水

　　水路除考量其安全性及保護標準外,同時於渠底開設有生態孔,在水面上形成了特殊的波紋,
乃用以補注地下水,並維持渠道內生態環境。

❸ 提高保護標準、減少淹水情形

　　番仔圳排水兩側比鄰農田,完成改善後將大幅度降低該地區淹水情事之發生。

吳厝圳排水

吳厝圳排水屬臺中市霧峰區之車籠埔排水系統，霧峰區內所生產之水稻，大部分為行政院農業委員會農業試驗所技術指導推廣之在地生產優質台農71號「霧峰香米」，帶動稻作產業轉型之契機，打造香米之故鄉，相關品種頗受好評，其中吳厝圳排水其保護範圍內之農作物85%為雙期作之水稻，屬南投農田水利會霧峰工作站之轄區。排水路改善區段既有斷面不足或老舊破損，形成通水瓶頸，瞬間暴雨時常造成附近農田及住戶受災。排水渠道改善後，可減少鄰近農田稻作積淹水損失，於收成期可見金黃稻作遍布之農村景緻。

吳厝圳排水改善工程

執行單位：臺灣南投農田水利會
完工時間：107 年 2 月
保護面積：14.5 公頃
工程內容：排水路 500 公尺
坐標位置：24.0791 N, 120.6669 E

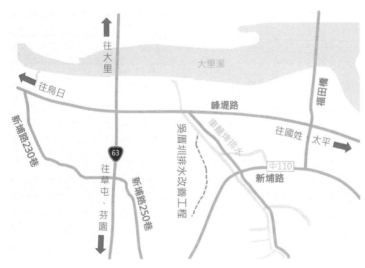

❶❷ 吳厝圳排水
　　吳厝圳排水兩側皆為稻
田，孕育了優質的台農
71號「霧峰香米」。

❸❹ 由下而上的治理原則

　　排水工程之改善應由下游往上游進行整體性規劃，圖中較大的排水路為由經濟部水利署第三河川局改善完成之車籠埤排水。

❺ 稻草人

　　田間常見的稻草人，不分日夜的工作，守護農民辛苦的成果。

新庄子排水

彰化縣埔鹽鄉，位於彰化平原中心，早前是巴布薩平埔族的草地狩獵區，全鄉為平原地形、氣候溫和、土壤肥沃，全鄉土地有六成面積為耕地，大宗作物包含花椰菜、韭菜、青蔥及豌豆等，另秈糯米產量佔全省產量 27%，有「蔬菜的故鄉」、「糯米原鄉」美稱。

新庄子排水屬於舊濁水溪排水系統，從北側匯入溪湖埔鹽排水。濁水溪離開山區進入沖積扇平原區後，因含沙量高，易氾濫改道，明末清初時期仍有三大分流，東螺溪（今舊濁水溪）、西螺溪（今濁水溪）、虎尾溪（今舊虎尾溪），主流在此三條分流間變換，直至日治時期 1911 年發生大洪水後進行大規模整治，逐漸成為今日主流集中於西螺溪流路，其他分流萎縮成一般排水路的情況。

近年由於極端氣候頻率增加，降雨日數減少而雨量集中，更易造成洪澇災害，107 年 7 月巴比倫颱風雖未登陸但引進西南氣流在中南部降下大豪雨，埔鹽地區日累積雨量高達 385 毫米。新庄子排水下游段已於民國 99 年易淹水地區水患治理計畫第 2 階段實施計畫中整治完成，本次延續改善中上游段之排水渠道，以提升地區農田排水整體通洪能力，期望能降低淹水風險，減少鄰近地區農業損失。

新庄子排水中上游段改善工程

執行單位：臺灣彰化農田水利會
完工時間：104 年 3 月
保護面積：98.7 公頃
工程內容：排水路 317 公尺
坐標位置：23.9828 N, 120.4553 E

❶❷ 新庄子排水

　　渠道臨田側有許多綠色植
物，不影響排洪安全下皆
予以保留，維持區域生態
機能。

❸ 生態孔

　　於渠底開設生態孔，可補
注當地之地下水，涵養水
源，並提供生物休息、避
敵之用。

❹ 百年茄苳樹

　　彰化境內有許多百年以上
的大樹，現在仍作為地方
的信仰及記憶佇立著。

王澤埤制水門

彰化和美鎮，相傳早年先民來臺時，分別來自漳、泉二地之移民，以詔安圳為界，東為漳州移民，西則多為泉州移民聚集之地。為了寓意漳、泉兩地移民可以在此地和睦相處，共同創建美好地方，故名「和美」。在光復初期，以紡織業最為興盛，著名的和美棉織品，俗稱「和美織仔」。除此之外，本地加工業亦相當興盛，早期以雨傘製造與加工聞名於世。

番雅溝排水位於和美鎮南側，集水區域內灌排水路分布密集，部分灌溉用水仰賴於排水渠道中設置制水閘，引回歸水利用。王澤埤制水門即為一引水樞紐，負責引灌番雅溝支線一沿線之農地，為地方重要之水利設施。

番雅溝排水除提供供灌之水源外，亦肩負該地區排水之重要使命，當洪水來臨時，排水路僅約能通過 5 年重現期 * 之洪水量，93 年七二水災、97 年卡玫基颱風等事件皆造成該地區淹水災情，且近年來土地開發利用情形日趨增加，可涵養水分之農地慢慢轉變為工廠及住宅，為保護沿線居民及農田作物，104 年第四河川局開始進行本區段排水路之整治作業，彰化農田水利會所屬之王澤埤制水門亦配合區域排水一併辦理改善，以解決通水瓶頸問題。

註釋：5 年重現期係指利用歷史資料統計，每 5 年有發生一次之機率。

王澤埤制水門配合改建工程

執行單位：臺灣彰化農田水利會
完工時間：105 年 7 月
保護面積：417.8 公頃
工程內容：倒伏堰 1 座
　　　　　排水路 30 公尺
坐標位置：24.1001 N, 120.5081 E

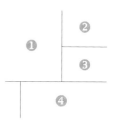

❶ 王澤埤制水門

　負責引灌番雅溝支線一沿線之農地，為地方重要之水利設施。

❷❸ 制水門取水

　若有灌溉需求時，王澤埤制水門便立起閘門，擷取洋子厝大排之回歸水進行灌溉。

❹ 扇形車站

　呈十二股道放射狀形成一座半圓弧狀的車庫，為臺灣唯一保存的扇形車庫。

田尾排水分線

若在晚上行經高速公路彰化地區，看到下方的田間點點燈火通明，就表示彰化縣田尾鄉到了。「花鄉」田尾，位於彰化縣南側，北鄰永靖鄉，南接北斗鎮及埤頭鄉，因其地處濁水溪下游，故名田尾，為臺灣第一大之花卉生產集散地，種植種類及產量均為臺灣之冠，目前全鄉花卉種植面積約有五百公頃之多，其中沿著台1線設立的「田尾公路花園」，園區內更是包含了二百多家的園藝中心，主要栽培高經濟作物之花卉盆景及景觀苗木等，往來遊客眾多，為國內重要觀光景點之一。

田尾排水分線貫穿整個公路花園，肩負該地區之農田排水，既有漿砌塊石護岸逐年破損、剝落，影響當地居民之出入安全，且通洪能力愈趨不足，導致近年颱風豪雨時節頻有淹水災情傳出，造成不少損失。彰化農田水利會於105年提報田尾排水分線治理工作，且考量生態棲地營造，於渠底間隔一公尺開有生態孔，可補注地下水源，並利水生動物產卵及避敵之用，改善後可加速積淹水排除，保護周圍農地及作物免於淹水之苦，以促進農村經濟成長並提高農民生活品質。

❶❷ 田尾排水

田尾排水於 105 年提報改善，並擴大其通水斷面，以保護周遭居民及作物。

田尾排水分線改善工程

執行單位：臺灣彰化農田水利會
完工時間：106 年 1 月
保護面積：60.7 公頃
工程內容：排水路 788 公尺
坐標位置：23.9069 N, 120.5171 E

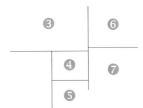

❸❹❺ 田尾排水空拍照
田尾排水沿線多為栽培花卉苗木之農地，為地方主要的經濟產業。

❻❼ 田尾公路花園
田尾公路花園內包括溫網室及露天栽培，種植了許多種類的花卉及景觀苗木。

大埔中排

大城鄉位在彰化縣西南沿海，於濁水溪北岸與雲林縣麥寮鄉遙遙相對，為典型風頭水尾之地，即海風頭（臨海）、河水尾（出海口）。地形氣候不利耕作，居民多以較不需地力的農業與水產養殖為生，主要特產有西瓜、花生、鴨肉及黃金蜆等。

彰化縣沿海地區於民國 60 年代後興起養殖漁業，大量抽取地下水使土層壓密造成地層下陷，除因 93 年敏督利颱風造成著名大範圍淹水的七二水災外，102 年 8 月康芮颱風、104 年 8 月蘇迪勒颱風及 9 月杜鵑颱風皆造成鄉內淹水甚至潰堤導致海水倒灌的災情。

彰化農田水利會於 106 年流域綜合治理計畫提報大城重劃區大埔中排改善工程，原有渠道通水能力已低於現今依據十年重現期雨量所訂定的通水量，遂予以改善以提升排水效能，並於渠道內一定間距設置透水孔增加滲漏，達到補注地下水，延緩地層下陷的目的。

大城重劃區大埔中排改善工程

執行單位：臺灣彰化農田水利會
完工時間：107 年 2 月
保護面積：20 公頃
工程內容：排水路 623 公尺
坐標位置：23.8453 N, 120.2989 E

❶❷❸ 大埔中排

　大埔中排位於彰化縣大城重劃區內，蒐集周圍之排水後流入公館排水，最後匯入魚寮溪中。

❹ 除草

　稻農於稻作生長階段需定時進行除草及施肥。

三條圳排水支線

彰化縣溪州鄉早期因位於濁水溪支流間的沙洲而得名，擁有肥沃的黑色土壤，適合農作物耕種，主要的經濟作物為稻米。

三條圳排水全長約 2.8 公里，起自彰化縣溪州鄉三條村，一路流經菜公村、永基二圳及埤頭鄉庄內村，最後匯入溪州大排。原三條圳排水渠道，常因溪州大排外水位過高，或渠道斷面不足及灌溉渡槽渠底過低造成通水瓶頸，於 97 年卡玫基颱風及 98 年莫拉克颱風，皆因洪水無法順利排出而造成淹水。

因此，行政院農業委員會補助彰化農田水利會進行本渠道之整治工作，增加渠道排洪能力並改善通水瓶頸，渠道型式採矩型溝配置生態孔，以補注地下水。

三條圳排水支線改善工程

執行單位：臺灣彰化農田水利會
完工時間：107 年 2 月
保護面積：81.4 公頃
工程內容：排水路 1,152 公尺
坐標位置：23.8265 N, 120.4848 E

❶❷❸ 三條圳排水支線

三條圳排水支線源
自彰化縣溪州鄉三
條村,周邊多為農
業用地,匯集相關
排水後匯入溪州大
排中。

❶

❷

❸

④ 鳳凰花隧道
溪州鄉綠筍路的鳳凰花,每年 5、6
月盛開,當地人稱之為「森之炎隧
道」。

⑤ 溪州公園
結合了平地森林及苗木生產區之公
園,為全台最大的平地公園。

環溝北排及環溝南排

福興鄉移民多來自福建泉州、廈門,其名寓意著福建省移民新興之鄉,地形上屬東西寬、南北窄的鄉鎮,東部因土壤鬆軟,適合農業發展,多種植水稻、豌豆、油菜;西部地區則因靠海、土壤較貧瘠,多以旱地作物為主,如西瓜、花生及甘藷等。

環溝北排及環溝南排,屬員林大排排水系統,位於彰化縣福興鄉,圍繞外埔村,北排全長 2,481 公尺、南排全長 2,710 公尺,分別於 2k+030 及 2k+160 處匯入番社排水,既有渠道為漿砌塊石型式,由於渠道老舊、通水斷面不足,每逢豪雨易宣洩不及而溢淹。為改善該地區淹水問題,行政院農業委員會補助彰化農田水利會進行農田排水改善工程。陸續於 104 年 12 月及 108 年 3 月完工。

環溝北排第二期改善工程

執行單位：臺灣彰化農田水利會
完工時間：104 年 12 月
保護面積：125.4 公頃
工程內容：排水路 1,154 公尺
坐標位置：24.0441 N, 120.4753 E

南環溝中排（第三期）改善工程

執行單位：臺灣彰化農田水利會
完工時間：107 年 11 月
保護面積：28.4 公頃
工程內容：排水路 903 公尺
坐標位置：24.0331 N, 120.4759 E

❶❷❸❹ 環溝北、南排水

環溝排水南北全長達 5 公里,負責彰化縣福興鄉大崙村及外埔村之農田排水,沿線多為農地,匯集沿線農田排水後排入番社排水中。

❺❻❼ 福興穀倉

建於西元 1935 年,現登錄為歷史建築,內部開放參觀,提供民眾了解臺灣的農業發展歷史。

青埔大排

台西鄉位於沖積扇平原，地質組成大多以沖積岩母質為主。因沿海地區乾旱及溫度高，加上受到東北季風影響，水分蒸發快，形成鹽性沖積土，由於濱臨大海，土地中含鹽量較高，較不利於耕種農作物，主要以耐鹽程度較高之農作物為主，如西瓜、花生、蒜頭、洋蔥及青蔥等。除了傳統農耕外，也有不少居民從事捕撈或養殖漁業。

因位處沿海地區，地表甚為平坦低窪，且長期受到超抽地下水之影響，造成本地區地層下陷，遇大雨時排水不易，每每大雨都造成台西地區嚴重災情。

青埔大排位於台西鄉境內，全長共 5.5 公里，屬馬公厝排水系統，因排水出口內外水位高低差不大，水流速度較為緩慢，若上游集水區範圍內有較大的暴雨，常會造成部份低窪地區積淹水，因此行政院農業委員會於流域綜合治理計畫第 2 期補助雲林農田水利會，進行渠道改善工程，以保障當地民眾之生命財產安全。

青埔大排改善工程（第三期）

執行單位：臺灣雲林農田水利會
完工時間：105 年 6 月
保護面積：116.8 公頃
工程內容：排水路 395 公尺
坐標位置：23.6983 N, 120.2243 E

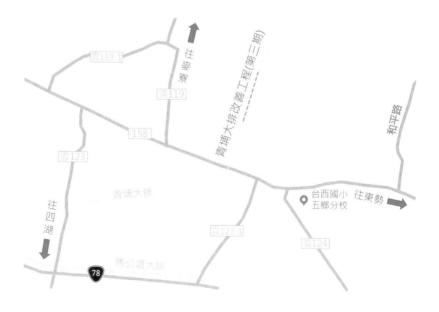

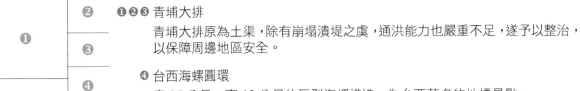

❷

❶

❸

❹

❶❷❸ 青埔大排

青埔大排原為土渠,除有崩塌潰堤之虞,通洪能力也嚴重不足,遂予以整治,以保障周邊地區安全。

❹ 台西海螺圓環

寬 25 公尺、高 10 公尺的巨型海螺構造,為台西著名的地標景點。

舊頂埤頭大排第一制水閘門

舊頂埤頭大排第一制水閘門，位於雲林縣西螺鎮東邊之埤頭里，制水閘門可取用舊頂埤頭大排之回歸水至埤頭分線，為雲林農田水利會埤頭小組之主要灌溉水源。埤頭里發展歷史悠久，清代時即有開墾者在當地築堤設閘引水灌溉，因有擋水堤岸（稱為「埤」）控制灌溉水量，後來當地名稱遂以此稱呼為「埤頭埤」。

舊頂埤頭大排屬於大義崙排水系統之農田排水，流經之西螺地區屬於濁水溪沖積平原，由於土壤肥沃遼闊，還有豐富水源可供灌溉，從早期就發展快速，一直是農產豐饒的穀倉，為國內最重要的蔬菜生產區，全臺灣約有三分之一的蔬菜在西螺果菜市場內完成交易。除蔬菜外，西螺也是有百年歷史的「醬油王國」。

由於西螺是農產集散中心，從早年以來就始終維持一定水準的商業活動與人文發展。延平老街是清代及日治時期的重要商業區，至今建築物景觀仍保有日治昭和時期流行的「裝飾派」風格。創建於清代時的振文書院，於民國 73 年定為三級古蹟，更是保存兩百年至今的重要文化資產。

原舊頂埤頭大排第一制水閘門為 3 門 1.2 公尺寬之水利構造物，因通水斷面不足，及落墩雜物影響妨礙水流，豪雨來時易造成阻水溢淹，為當地之通水瓶頸，水位壅高時容易造成周圍地區淹水災害。本工程於民國 104 年 7 月改善完成，將通水斷面擴大為 5 公尺寬，並設置活動式倒伏堰，以解決當地之積淹水問題。

舊頂埤頭大排第一制水閘門更新改善工程

執行單位：臺灣雲林農田水利會
完工時間：104 年 6 月
保護面積：652.7 公頃
工程內容：倒伏堰 1 座
　　　　　排水路 50 公尺
坐標位置：23.7732 N, 120.4784 E

❶❷ 舊頂埤頭大排第一制水閘門

攔截舊頂埤頭大排之回歸水至埤頭分線之制水閘門,為該地區之主要灌溉水源。

❸ 西螺大橋

建成於 1952 年,聯繫雲林及彰化之橋梁,具歷史意義,也是大甲媽每年農曆三月前往新港遶境進出雲林必經之路。

❹❺ 透早的西螺果菜市場

於民國四十五年十一月奉准成立,為現今臺灣規模最大之果菜交易市場,無時無刻皆有大量的車輛進出裝卸蔬果,目前規模占地約六公頃,也因龐大的交易量,其做為「蔬菜的物流中心」為全臺蔬菜交易價格的重要指標。

西大北園小排一

西大北園小排位於雲林縣二崙鄉大華村之巫九厝，屬雲林農田水利會引西工作站轄管之西大北園小組，為大義崙排水系統之農田排水，由南向北流入新庄子大排。二崙鄉地勢平坦且土壤肥沃，當地居民以務農為主，為典型之農業鄉，亦為臺灣重要蔬菜生產區之一，特色農產包括二崙米、蔬菜、花生、西瓜及香瓜等。

西大北園小排渠寬 1.1 公尺，渠高 0.9 至 1.1 公尺，堤岸原為砌石型式，因年代久遠構造脆弱有潰堤風險，另外下游與新庄大子排銜接段為一束縮之瓶頸段，豪雨來時往往無法順利排水，造成農作物長時間浸淹損失。未改善前當地淹水時間達 1~2 天的事件時有所聞。

本工程於 104 年 5 月完工，配合排水路環境重新設計渠道斷面，穩固構造降低潰堤風險，並增加通水能力以加快排水速度、保護周遭農地作物降低災害損失。

西大北園小排一改善工程

執行單位：臺灣雲林農田水利會
完工時間：104 年 5 月
保護面積：23.2 公頃
工程內容：排水路 745 公尺
坐標位置：23.8037 N, 120.4063 E

❶

❷

❶ 西大北園小排一
協助周圍農田排除洪水,使蔬菜免於
因水患而受損,為該地區重要排水路
之一。

❷ 二崙自然步道
距排水路 5 分鐘的車程,為保安林及
沙崙丘陵地整理規劃而成之生態步道
園區。

❸ | ❹
❺

❸❹❺ 蔬菜專區
二崙鄉為臺灣重要蔬菜產區，排水路兩側設置水平棚架及網室，栽培短期
葉菜類作物。

中大北園中排

中大北園中排位於雲林縣二崙鄉,大北園古地名為大菜園,此地自古以來就是一大片蔬菜生產地區,屬雲林農田水利會引西工作站轄管之中大北園小組,排水路全長 1,159 公尺,由南向北排入新庄子大排,屬大義崙排水系統,為蔬菜生產區內之重要農田排水之一。

中大北園中排下游段於民國 98 年易淹水計畫已改善完成,其上游段堤岸原先為砌石形式,年代久遠構造脆弱;另外上、下游段分界之過路箱涵,則有通水斷面不足形成瓶頸段之問題,豪雨來臨時,豐沛雨量超出農田排水之設計排水量,將溢淹出渠道造成周邊農田淹水,然因當地屬於重要蔬菜生產區,對於水患容忍度較低且敏感,造成的農業損失相當嚴重。本改善工程透過排水路拓寬及瓶頸段之改善,增加該區段之通洪能力。

中大北園中排改善工程

執行單位:臺灣雲林農田水利會
完工時間:107 年 5 月
保護面積:48.7 公頃
工程內容:排水路 283 公尺
坐標位置:23.8024 N, 120.4101 E

❶
❷ ❸

❶❷❸ 中大北園中排

原為混砌塊石形式之排水渠道，因年代久遠結構脆弱，且通水斷面不足，於 106 年完
成改建，為二崙蔬菜產區內之重要農田排水。

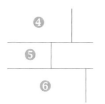

❹❺ 二崙故事屋

原二崙派出所，現做為二崙故事屋，做為分享、記錄、整理、創作二崙在地故事的社區文化據點。

❻ 二崙運動公園

高 8 公尺，以不鏽鋼製作之「開拓―農夫的腳」，象徵著雲林農業新未來，占地 6 公頃之運動公園，為當地居民運動、休憩的好所在。

大義崙第一制水閘

現稱之大義崙地區位於雲林縣二崙鄉境內,由清朝康熙、乾隆年間,自福建省泉州晉江縣、漳州詔安縣等人民移居結成村落,當時在平原中有二個丘陵連座,因此命名為「小二崙」,北方則有兩座稍大的丘陵,乃稱「大二崙」,日治時代行政區域調整,大二崙改稱大義崙(閩南語二與義語音相近),後簡稱大義村。

大義崙排水系統位於雲林縣北部,集水區範圍涵蓋二崙鄉、西螺鎮及莿桐鄉三個行政區,區域內80% 以上地區屬農業用地,農產品及作物種類繁多,其中又以西螺地區為最,為臺灣重要米鄉。由於濁水溪引進灌溉之流減土壤肥沃,水源充沛,歷年以水稻兩期作為主要作物,稻品享譽全國,素有「西螺濁水溪米」之稱,而蔬菜生產亦為全省產地四大鄉鎮之一。二崙鄉同樣以農業生產為主,主要農產品有稻米、甘藷、玉米、落花生、蔬菜類、香瓜及西瓜等,其中二崙西瓜聞名全臺,因二崙鄉位於濁水溪畔,獨特的生產環境及沙質地,每年 4 月及 5 月為其盛產期。

大義崙排水第一制水閘位處舊頂埤頭大排、西螺大排及甘厝大排匯流點下游,其主要功能為抬高水位供上游大義崙幹線、東港後小給一及東港后支線引取回歸水供灌,其中又以大義崙幹線為主要供灌渠道,供灌範圍達 1,064 公頃。

攔河堰顧名思義即攔截河道內之水,藉由圍堵後抬高水位以引導至需要供灌的地方,受近年氣候變遷的影響,颱風豪雨的等級早已不復以往,短時間內大量的降雨藉由密布的排水路匯入渠道中,相對於河道細窄的閘門變成了通水瓶頸,使上游的水無法順利流至下游,產生迴水效應溢淹至上游地區。為解決周遭地區長年之水患問題,行政院農業委員會補助雲林農田水利會進行制水閘門之拓寬改建工作,整體工程於 107 年 8 月落成,完工後之閘門系統可維持既定灌區之灌溉用水,除現場設置操作機房外,亦可遠端進行監控,相關人員可於工作站內即時因應流況進行遠端閘門操作,大雨時可迅速反應河道內水量進行傾倒作業,使河道全斷面通水,以保障上游地區居民之人身及作物安全。

大義崙第一制水閘改善工程

執行單位：臺灣雲林農田水利會
完工時間：107 年 8 月
保護面積：2,439 公頃
工程內容：倒伏堰 1 座
坐標位置：23.7805 N, 120.4175 E

❶❷ 制水閘升起

制水閘升起後,阻擋了大
部分水流,使水位抬升,
引水至灌溉輸水渠道內。

❶

❷

❸ 制水閘倒伏

　　颱風豪雨來臨或休耕期時,制水閘
　門會倒伏至渠底,使水流可以暢通
　無礙。

❹ 遠流利農

　　大義崙第一制水閘之落成紀念碑,
　象徵本地農業生生不息。

大義崙第一制水閘

　　大義崙排水第一制水閘位處舊頂埤頭大排、西螺大排及甘厝大排匯流點下游，其主要功能為抬高水位，引取回歸水供灌，供灌面積達 1,064 公頃。

奮起中排一

奮起中排一位於雲林縣土庫鎮南側，本地夏季炎熱多雨，冬季乾旱，境內地力肥沃，一般經濟活動以農業為主導，主要作物以蔬菜類（甘藍、花椰菜）、落花生及水稻為大宗，其餘如玉蜀黍、甘藷、甘蔗及雜糧等作物皆是重要之農特產品。

本線排水路沿雲 145 線向南延伸，主要蒐集兩側農田排水及上游秀潭及興新村落之尾水，水路流向由北向南最終於北安橋上游處排入客子厝大排，排水路原況為砌石護岸及土溝，年代久遠且構造脆弱，經常有潰堤之風險且淤積嚴重，嚴重影響排水功能及安全。爰此，雲林農田水利會於 104 年度流域綜合治理計畫中提報農委會核定後辦理相關改善工作，為盡可能保留其生態性，排水路設計採用不封底之懸臂式擋土牆，以補注地下水，渠底之塊石及水生植物則可提供水生動物及昆蟲棲息之空間。

奮起中排一改善工程（第一、二期）

執行單位：臺灣雲林農田水利會
完工時間：104 年 11 月
保護面積：96.2 公頃
工程內容：排水路 927 公尺
坐標位置：23.6472 N, 120.3553 E

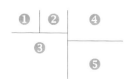

❶❷❸ 奮起中排一

奮起中排一位於土庫鎮南側，排水路沿雲 145 線向南延伸，一般經濟活動以農業為主，主要作物為蔬菜類（甘藍、花椰菜）、落花生及水稻。

❹ 輪作田

落花生為土庫鎮主要作物之一，相鄰的兩塊田一邊即將採收，另一邊正準備播種。

❺ 空拍照片

排水路沿雲 145 線向南延伸，主要蒐集兩側農田排水及上游秀潭及興新村落之尾水，水路流向由北向南最終於北安橋上游處排入客子厝大排。

八掌溪支線第 8 號放水路

嘉義縣義竹鄉為農業村落，位於嘉義縣西南隅，主要農作物包含玉米、甘蔗、稻米、小黃瓜、甜椒、苦瓜及蕃茄等，其中以玉米最為馳名，佔有全國 1/4 之產量。並結合產業開辦園藝教學，當地稻米亦於 2008 年獲得連續兩年榮獲十大經典好米得主等殊榮，另有最具地方特色的農餘休閒活動「賽鴿笭」，象徵著一整年的豐收及平安，也給著恬靜農村增添幾許熱鬧的氣息。

八掌溪支線第八號放水路屬龍宮溪排水系統，八掌溪支線為擷取八掌溪水灌溉義竹鄉、鹿草鄉之農田，八掌溪支線目前有 7 條放水路，八掌溪支線第 8 號放水路屬其中之一，由於放水路渠道狹小，造成放水流量不足，又於灌溉時期常遇豪雨風災，導致八掌溪支線因宣洩不及，導致水位抬升，進而溢淹左右兩側農田。既有渠道全線為土渠，負責上游岸腳村、義竹村及仁里村之部分村落及農田排水，93 年敏督利颱風、94 年 612 豪雨、98 年莫拉克颱風及 102 年康芮颱風分別造成農產損失慘重，威脅民眾生命安全。

103 年度行政院農業委員會於流域綜合治理計畫補助嘉南農田水利會進行農田排水渠道改善作業，將原渠道寬狹小進行拓寬改善作業，並與八掌溪支線匯流處之放水閘門一併改善。八掌溪支線第 8 號放水路改善工程竣工後，已有減緩淹水面積，並降低當地農漁業之淹水災害損失。

八掌溪支線第 8 號放水路治理工程

執行單位：臺灣嘉南農田水利會
完工時間：104 年 3 月
保護面積：138.6 公頃
工程內容：排水路 708 公尺
坐標位置：23.3415 N,120.2478 E

❶❷❸ 路樹植栽

　　水路旁種植了大量的茄苳樹，除
　　可提供水路中的生物及道路行人
　　遮蔭外，果實及落葉也提供水中
　　生物食物的來源。

❹ 玉米的故鄉

　　義竹地區盛產硬質玉米，佔有全
　　國 1/4 產量。

大客大排

新港鄉位於嘉義縣西北端，原名笨港，位處嘉南平原北部，一百多年前為對外貿易港口，興盛一時，後因時空背景演變，逐漸沒落為農業村落。鄉內地勢平坦，北與雲林縣北港鎮、元長鄉為鄰，南隔朴子溪為嘉義縣都會區朴子市，為生活便利、良田富饒之農村環境，地方產業以稻米、蔬菜、花卉為主，為嘉義縣主要蔬菜產區，其葉菜類市佔比極高，常年耕作短期葉菜面積約 140 公頃。另外，廣為人知的便是於 1811 年落成之新港奉天宮，其歷史悠久且為當地信仰中心，以及因廟宇工藝而生之新港板陶窯，也因此孕育出歷史、人文、藝術薈萃之鄉鎮特色。

大客大排為六腳大排上游支流，屬北港溪水系，為新港鄉中部農業地區重要農田排水，兩側皆為農業生產區，排水治理後可有效改善該地區農田遇豪大雨即積淹水之問題，工程設計亦考量友善生態環境，部分採擋土牆並設置生態格框，渠道不封底以補注地下水源，可有效減輕該地區農田積淹水問題，減少農業損失。

大客大排農田排水治理工程

執行單位：臺灣嘉南農田水利會
完工時間：105 年 6 月
保護面積：130.9 公頃
工程內容：排水路 1,179 公尺
坐標位置：23.5371 N, 120.3306 E

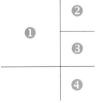

❶❷❸ 生態格框

以生態格框工法進行施作,接近自然渠道不封底狀態,為一種既可涵養水源
又不失其安全性之工法。

❹ 新港奉天宮

建成於西元 1881 年,主神祀奉媽祖,香火鼎盛,為臺灣著名廟宇之一。

⑤⑥ 大客大排
　　105 年改善完成之排水路，協助新港鄉大客地區排除洪水。

⑦ 排水溝生態魚群
　　大客大排內魚群豐富，足見生態工法成效。

塗師中排一

嘉義縣六腳鄉位於嘉南平原北部，相傳名稱由來為清朝乾隆期間，有六戶佃農來此地從事開墾耕作，遂以六家佃庄稱之，後來因為臺灣話「家」與「腳」發音相近訛傳，於 1950 年納入嘉義縣改名為六腳鄉至今。

塗師村及潭墘村位於六腳鄉中央地區，是六腳鄉開拓年代較早之區域，迄今已有百年歷史。塗師村早期村莊裡片地竹林，村民各個手藝精巧，竹編藝術經占全臺，是當地特色產業；潭墘村則因墾殖先民沿著村內數座大池塘邊搭建聚落而得名，塘邊泥土塑性高，村民大都家中都有磚仔窯燒製交趾陶。

隨著時代變遷，塗師村及潭墘村居民普遍以務農維生，農業區域占九成以上，主要種植稻米、花生、玉米、小麥、蔬菜、西瓜等作物，但近年來隨極端氣候的影響，塗師中排一原先設計排水之保護基準，已經無法負荷逐年增加的排水量，橋墩等構造物堵塞水流行進、排水路老舊有崩塌之風險，又位於低窪地區，因坡度平緩不利於排水，加上道路建設使低地雨水不易匯入排水溝，現有蓄洪及抽排設施功能亦不足，即造成淹水災情，如 94 年 612 豪雨、98 年莫拉克颱風及 104 年度杜鵑颱風，皆造成大面積淹水與嚴重農損。

考量區域內農民生計與安全，行政院農業委員會於流域綜合治理計畫補助嘉南農田水利會辦理塗師中排一農田排水渠道治理工程，依農田排水設計標準拓寬，以能容納更多排水量，配合構造物瓶頸段改建，使排水順暢降低淹水災害發生，並增設護欄以保障用路人安全，整體治理工程於 107 年 6 月竣工。

塗師中排一農田排水治理工程

執行單位：臺灣嘉南農田水利會
完工時間：107 年 6 月
保護面積：119.8 公頃
工程內容：排水路 1,085 公尺
坐標位置：23.5138 N, 120.2818 E

❶❷❸ 塗師中排一

❶
─────────
❷　│　❸

107 改善完成之排水路工程，擴大既有土渠斷面，以保護塗師村一帶居民。渠道生態豐富，有紅冠水雞棲息。

④

⑤

④ 苦楝花隧道

位於嘉義縣六腳鄉,長達三公里之道路旁種滿了苦楝花,漫步於其中,更添幾分詩意。

⑤ 六家佃長壽橋

六家佃為六腳鄉舊稱,吊橋全長 390 公尺禁止汽機車通行,為臺灣最長之自行車吊橋。

荷苞嶼排水 9K+971 制水閘

百年前，嘉義縣荷苞嶼地區為一佔地 170 餘甲之大湖，當地居民自湖中引水灌溉莊稼、蓄水養魚，後來因日本人修建嘉南大圳，荷苞嶼湖不再需要蓄水機能，便引流入海，也因此造就 170 餘甲之良田，僅留一條水路於舊有湖址中央，提供排水使用，是謂「荷苞嶼排水」。

荷苞嶼排水系統，位於嘉義縣朴子溪下游出口段，總長約 117 公里，集水面積達 13,000 公頃，沿途流經太保市、鹿草鄉、朴子市、布袋鎮及東石鄉，為一典型農業區，農產品以稻米為大宗，次為甘蔗，再次為甘薯、落花生與黃麻，蔬果類亦間而產之。

嘉南農田水利會於民國 90 年在荷苞嶼排水之主河道上設置一制水閘，攔截回歸水使用，以保障周遭 80 餘公頃地區之農業灌溉用水，隨著近年極端氣候影響，降雨豐枯懸殊，在在顯示此農業區急需投入計畫性的淹水治理規劃改善，各級排水路之保護標準需有所提升，以保障周遭農民的生命財產安全。當排水路之保護標準提高時，既設之制水閘如同一上下寬中間細窄之沙漏，成為水路之通水瓶頸所在，因此本制水閘亦在規劃拆除之項目之中。

嘉南農田水利會考量灌區內之農民生計，與嘉義縣政府共同協商保留既有制水閘，並於其左右兩側分別擴建一倒伏壩，「荷苞嶼排水 9K+971 制水閘改建工程」於 107 年 7 月完工，擴大通水斷面以解決淹水瓶頸問題，並同時保障周遭地區之灌溉用水。

荷苞嶼排水 9K+971 制水閘改建工程

執行單位：臺灣嘉南農田水利會
完工時間：107 年 7 月
保護面積：651.5 公頃
工程內容：倒伏堰 2 座
　　　　　排水路 39 公尺
坐標位置：23.4504 N, 120.2726 E

❶

————

❷

❶ 制水閘正視圖

於既有制水閘兩側再擴建兩座倒伏堰,施工期間可維持原
灌溉取水功能,並節省拆除後重建之人物力。

❷ 維修橋

維護管理時提供往來兩岸之便橋,平時提供車輛行走。

❸
❹
❺

❸❹❺ 倒伏堰

　倒伏堰蓄水時可抬高
水位形成人工湖，供
渠道取水灌溉，洪汛
時則可倒伏於渠底，
恢復通水斷面宣洩洪
水。

6 7 制水閘空拍全貌

荷苞嶼排水 9K+971 制水閘為一兼具防洪及灌溉功能之制水閘門,為荷苞嶼地
區重要灌溉引水樞紐之一。

鴨母寮排水第 1 號及第 2 號制水閘

嘉義縣朴子市，東接太保市與鹿草鄉、西連東石鄉和布袋鎮、南與義竹鄉為界、北隔朴子溪與六腳鄉毗鄰，因地處嘉南平原的肥沃地帶，農產品以稻米為大宗，其次為硬質玉米及雜糧，其他輪作及蔬果類亦間而產之，嘉南平原面積廣大，先民來臺時吸引許多人前往定居。因土地缺水，居民便挖設池塘貯水後引水灌溉，位於制水閘南側之牛挑灣地區，相傳係因村落東側之舊河道流路形似牛軛而得名，逐漸發展為一座座大大小小的埤塘，後經當地居民努力及政府協助，整頓後，成為牛挑灣埤生態園區，園區步道圍繞埤塘，現為當地居民白天乘涼、晚上散步之好去處，也帶動了地區觀光產業，推展農村休閒生態。

鴨母寮排水第 1 號及第 2 號制水閘分別位於鴨母寮排水樁號 8K+111 及 6K+763 處，負責截取鴨母寮排水之回歸水利用，灌溉沿線之農地。舊有之兩座制水閘均於民國 69 年竣工，約使用了 35 年，由於制水閘落墩過多，導致通水斷面縮減，進而阻礙排水，使洪水漫淹至上游周遭社區及農田，每逢颱風豪雨鴨母寮排水夾帶大量的布袋蓮、漂流木及雜物，也會在閘門造成淤積並影響閘門啟閉作業，因此嘉南農田水利會於民國 104 年提報流域綜合治理計畫進行治理工作，改建為鋼索式倒伏壩以解決老舊制水閘水路瓶頸及堵塞問題。

鴨母寮排水第 1 號制水閘改善工程

執行單位：臺灣嘉南農田水利會
完工時間：105 年 8 月
保護面積：337.2 公頃
工程內容：倒伏堰 1 座
　　　　　排水路 70 公尺
坐標位置：23.4188 N, 120.2648 E

鴨母寮排水第 2 號制水閘改善工程

執行單位：臺灣嘉南農田水利會
完工時間：105 年 8 月
保護面積：385.2 公頃
工程內容：倒伏堰 1 座
　　　　　排水路 60 公尺
坐標位置：23.4191 N, 120.2516 E

❶ 鴨母寮排水空拍照

　　鴨母寮排水第 1 及第 2 號制水閘門，分別位於鴨母寮排水樁號 8K+111 及 6K+763 處，相距約 1,300 公尺，照片中為第 2 號制水閘，中間間隔一座橋梁，1 號制水閘位於照片頂端處。

❷ 牛桃灣埤生態園區

　　位於制水閘門南方，園區步道圍繞埤塘，現為當地居民白天乘涼，晚上散步的好去處。

❸ 故宮南院

　　位於朴子市及太保市交界，民國 93 年 12 月 15 日行政院核定於嘉義縣太保市設置「國立故宮博物院南部院區」，定位為「亞洲藝術文化博物館」。

營後小排 3-2

臺南市學甲區是塊帶著困境、感恩與故事的堅韌之地。雖然地理環境不良，卻曾為臺灣歷史重要經貿之地，如今學甲擁有全臺灣最大的虱目魚魚塭及美麗的濕地景色，學甲區整體地勢平緩且低窪，且位於沿海地帶，地質鹽份濃厚，土地使用多為魚塭、養殖。

營後小排 3-2 屬於營後排水系統，位於臺南市學甲區豐和里，總長約 963 公尺，負責新榮里、大灣里及豐和里社區排水，終點流入草 小排 8。營後排水集水區因地勢低窪時常淹水，主因為外水位高於內水位造成排水不良而發生溢淹。

營後小排 3-2 既有之渠道斷面為砌石工渠道，通水斷面不足，每逢大雨時常造成周圍社區及部份農田淹水。行政院農業委員會補助嘉南農田水利會進行營後小排 3-2 改善，於「流域綜合治理計畫」第一期辦理，將排水渠道由原本的 0.8 公尺拓寬至 1.5 公尺，改善工程於 104 年 5 月完工，有效改善營後排水集水區因地勢低窪淹水問題。

營後小排 3-2 等 3 線農田排水治理工程 – 營後小排 3-2

執行單位：臺灣嘉南農田水利會
完工時間：104 年 5 月
保護面積：35.7 公頃
工程內容：排水路 963 公尺
坐標位置：23.2201 N, 120.2002 E

```
    ┌──┬──┐
  ❷ │  ❹
❶ ├──┤  │
  ❸ │
    └──┴──┘
```

❶❷ 營後小排 3-2

　　負責學甲區新榮里、大灣里及豐和里地區內之排水，為配合市政府提報改善之相關配合辦理工程，以彰顯計畫整體治理成效。

❸ 綠色隧道

　　臺南市道 174 縣學甲段，其樹冠自然搭接而成，被譽為全臺最美的小葉欖仁綠色隧道。

❹ 白礁謁祖紀念碑

　　位於學甲慈濟宮，於民國 67 年立碑，紀念鄭成功將軍之軍隊於學甲頭前寮登陸駐紮，及解甲歸田之軍民拓荒墾地，不忘故土、祖先及祖廟之事蹟。

大埤中排二倒虹吸工

下營區位於臺南市北側，以急水溪為界與鹽水、新營相隔，南邊緊鄰麻豆區。下營區地勢平坦，屬嘉南平原一部分。經濟活動以農業、畜牧業、漁業等第一級產業為主，農業以水稻及玉米產量最大宗，其次為甘蔗、柚子、桑葚；畜牧以豬、乳牛、雞為主；漁業以養殖為主，以吳郭魚、蝦為大宗。

下營區人文地理豐富，河道沿岸多數養殖魚塭，相對離水路遠處大部分為農田，然將軍溪、急水溪治理期程無法跟上都市化快速發展，每逢颱風豪雨一來，常發生淹水災情，又因地勢為平原，排水困難不易，容易導致積水數日不退。

本工程為大埤中排二護岸上之渡槽改善，渡槽屬西寮分線灌溉圳路，其權屬為嘉南農田水利會管理，因既有渡槽底高程不足，造成阻礙排水，故嘉南農田水利會配合臺南市政府一併改善渡槽。

經現場評估後，將既有渡槽改為倒虹吸工，主要因大埤中排二需提升護岸高度，其渡槽必然也將升高，導致原銜接兩側之灌溉圳路，無法以重力流（高處往低處流）輸送水源，則灌溉圳路須一併改善，其成本過高。故採用倒虹吸工施工，倒虹吸工具有工程量少、施工方便、節省動力及材料造價低而且便於清除泥砂等特點，且避免水位高漲後，渡槽構造物阻礙排水斷面。

大埤中排二農田排水治理工程

執行單位：臺灣嘉南農田水利會
完工時間：108 年 3 月
保護面積：89.8 公頃
工程內容：倒虹吸工 1 座
　　　　　排水路 20 公尺
坐標位置：23.2217 N, 120.2376 E

❶❷ 大埤中排二改善工程

原為灌溉用渠道「西寮分線」自渠道上方跨越排水路之渡槽設施,因配合大埤中排二提高保護標準,需抬升護岸高度,考量渡槽改建之成本,乃改以使用倒虹吸工穿越渠道下方進行輸水作業。

❸ 武承恩公園

占地 2 公頃之武承恩公園,為下營北極殿玄天上帝廟之附屬設施,提供本區民眾及來往香客休憩,池中近一千隻烏龜現已規劃為本土龜之生態保育區。

南漚小排三

「漚汪」為臺南縣將軍區之舊稱，主要用來紀念早期來開拓荒地的先民，此名稱起源在明鄭時期，在當時有兩位將軍追隨鄭成功來臺駐紮於此，兩人姓氏分別為「漚」及「汪」，因此各取其姓氏組合成「漚汪」稱之。而後來清朝時期，清廷賞賜業地給施琅，以跑馬三日的範圍作為其業地，不料馬跑到將軍庄（漚汪）時斷蹄，故在此地建「將軍府」，因此「將軍」一詞才開始使用，但目前老一輩的人仍有部分在使用舊稱「漚汪」。

將軍區又有一別名稱作胡蘿蔔之鄉，顧名思義為的胡蘿蔔主要產地，年收穫量約四萬公頃，當地因為土質多為沖積土，質地黏稠兼帶養分，讓栽培時程拉長，使得胡蘿蔔能得到更多養分，因此口感格外豐厚，且胡蘿蔔冷藏後可以長期存放達一年多，不必擔心產量過剩問題。另外，於採收期間，當地常會開放一般民眾進行採集，可以前往採集胡蘿蔔，活絡地方經濟。

南漚小排三位於漚汪地區南邊，為早期施設的渠道，但因年久失修，滲漏嚴重，每逢大雨極易淹水，造成農作物損失，影響當地農民之排水權益，為改善此狀況，行政院農業委員會補助嘉南農田水利會進行南漚小排三之改善工程，大幅減少計畫區域內淹水問題。

南滬小排三等 2 線農田排水治理工程 –
南滬小排三

執行單位：臺灣嘉南農田水利會
完工時間：106 年 11 月
保護面積：33.6 公頃
工程內容：排水路 1,144 公尺
坐標位置：23.1847 N, 120.1661 E

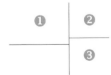

❶❷❸ 南湮小排三

　　舊有渠道為砌石工形式，但因早年施設之渠道已不符目前排水標準，且因年久失修，有崩
毀之疑慮，遂予以改建。

❹❺ 青鯤鯓青山漁港
位於青坤鯓之青山漁港人聲鼎沸，無論現撈及乾貨一應俱全，且設有漁貨
拍賣市場，除商販外也吸引許多外來觀光客前往感受「喊魚仔」的氛圍。

❻ 青鯤鯓扇形鹽田
為台鹽公司於 1975 年開闢，以鹽工宿舍為核心向外發散成扇形鹽田，現
已停止曬鹽業務。

將軍溪水系下營地區農田排水

將軍溪排水系統麻豆大排上游之農田排水路，其集水區屬易淹水地區，包含 94 年 612 豪雨、98 年莫拉克颱風及 104 年杜鵑颱風等颱洪事件皆重創該地區，主要原因除降雨量超出設計標準外，渠道之老舊、崩塌及束縮瓶頸段亦是導致淹水的原因之一，在考量區域整體治理以發揮改善工程最大效益之前題下，嘉南農田水利會配合經濟部水利署第六河川局及臺南市政府麻豆排水之治理，分期辦理區域內上游農田排水路之改善，相關對象包含：新庄小排 3-3、3-4，橋頭子小排 2-2、2-3、2-4、2-5(105 年)；新庄小排三 (107 年)；橋頭子小排 2-7、2-8、2-9、2-10(108 年)，以帶動地方發展。

九塊圳進水口制水閘

武洛溪，位於臺灣南端屏東縣內，為高屏溪支流，源頭位於鹽埔鄉與高樹鄉交界處，流經鹽埔鄉、高樹鄉、九如鄉、屏東市，於屏東市台糖六塊厝農場西側排入高屏溪。17 世紀時，武洛溪是條水量豐沛且流域廣之河川，是難以跨越之大河，原本為中央山脈之口社溪及隘寮溪部分支流，然隨早期農民於武洛溪下游南岸引水，進入屏東平原灌溉。屏東地區遂而發展農業產業，隨時光變遷及都市化影響，修築隘寮溪南岸堤防，截斷武洛溪上游，武洛溪形成斷頭河。

早期武洛溪因聲名不及周遭荖濃溪及隘寮溪，又因上游家庭廢水及養殖廢水，造成水質惡臭，其支流萬年溪又因長期惡臭，獲得「萬年臭」之名。隨著環保及防災意識高漲，近年來結合環境綠美化、濕地生態及公共設施，銜接海豐濕地、武洛溪濕地、萬年溪圳寮觀光濕地等多處濕地，達到水質淨化及防災蓄洪功能，且營造出包括季節性候鳥、大小白鷺鷥、臺灣水雉及雁鴨等野生動物的優質棲息環境。

屏東縣九如鄉是臺灣香蕉主要產地之一，也設立全臺唯一的香蕉研究所，同時九如鄉也是臺灣重要的冬季蔬菜供應地。九如鄉為武洛溪沖積扇平原形成，因地勢低窪，且排水系統紊亂，導致排水效果不彰，農財損失嚴重。屏東農田水利會於 105 年流域綜合治理計畫中向行政院農業委員會爭取相關經費進行改善。

改建制水門採橡皮壩工程，考量開拓河道及避免落墩柱，減少垃圾、雜草及流木卡住於墩柱情形，造成觀感不佳，並且柔性結構提升耐撞擊、耐地震等能力，降低結構物損壞機率，並於水路左側設計有魚道，提供魚類往返，恢復被截斷之生物棲地。

九塊圳進水口制水閘改善工程

執行單位：臺灣屏東農田水利會
完工時間：106 年 11 月
保護面積：650.9 公頃
工程內容：橡皮壩 1 座
　　　　　制水門 1 座
　　　　　排水路 40 公尺
坐標位置：22.7507 N, 120.5106 E

❶
❷ | ❸

❶❷❸ 九塊圳進水口制水閘

為一橡皮壩制水設施，利用橡皮壩之充氣及排氣控制水位，自倒伏型態
至完成充填需時 10 分鐘，可迅速反應洪水位進行操作。

④ 耆老村

　　位於屏東縣九如鄉，「耆老」之名係希望居住在此地者皆能長壽，因水溝養錦鯉成為著名之觀光景點。

⑤ 海豐濕地

　　面積約 11 公頃，將污染水引流到濕地，經分流、生態淨化，再排入萬年溪，為低耗能、低成本，且無二次污染的人工溼地。

⑥ 高屏溪斜張橋

　　為國道三號跨入屏東境內之重要地標，外觀雄偉，設有觀景台提供民眾一睹斜張橋之全貌。

社皮排水

屏東縣萬丹鄉，早期為西拉雅平埔族的居住地，萬丹原意為上淡水社與下淡水社兩社之合稱。因位處高屏溪與牛稠溪所沖積而成的平原，地勢平坦，北臨屏東市，南接新園鄉與崁頂鄉，西隔高屏溪與高雄市為界，東有竹田鄉，為物產豐饒與地下水源豐沛之優雅純樸地區，地方產業以稻米、瓜果及畜牧業為主，其中稻米類因當地氣候適宜生長，常年耕作面積為全屏東縣第一。此外，因萬丹地區的土質肥沃，所生產的紅豆品質優良、香味濃厚，單位面積產量更是傲視全國。

社皮排水為萬丹排水之主要支流，屬高屏溪水系之一，同時兼具灌溉及排水功能，早期因排水斷面年久失修與渠道通洪斷面不足等問題，96 年聖帕颱風、97 年卡玫基颱風及鳳凰颱風與 98 年莫拉克颱風，皆造成沿岸嚴重淹水情況，當地民眾深為所苦。有鑑於此，行政院農業委員會及屏東農田水利會自民國 99 年起辦理社皮排水渠道改善，工程設計為考量友善生態環境，採透水、緩坡、粗糙之渠道設計，渠道不封底以補注地下水源，以利生物棲息並儘量考量工程與周邊景觀之協調與環境綠美化之營造。

社皮排水改善工程（第二～六期）

執行單位：臺灣屏東農田水利會
完工時間：106 年 11 月
保護面積：414.1 公頃
工程內容：排水路 2,241 公尺
坐標位置：22.5731 N, 120.4563 E

❶❷❸❹ 社皮排水

自 98 年「農田水利設施更新改善計畫」始開始改善，歷經「易淹水地區水患治理計畫」及「流域綜合治理計畫」分階段完成治理工作，兩岸多為稻田或果園，為萬丹地區重要排水命脈。

❶
❷ ❸

❹
❺

❺ 萬丹酪業
　萬丹鄉酪農業發達，
月產乳量約 3,500 公
噸，為臺灣第二大之
乳品生產地區。

頓物埤第二排水支線

屏東縣竹田鄉位處東港溪及隘寮溪的交會處，舊名頓物，早期先民因上游村莊物資必須沿著龍頸溪運送到下游東港，而每遇東港溪水暴漲時，所有載送物資的船家都必須將貨物囤積於此地，待溪水退後才能繼續航行。客語囤積貨物即為頓物。

竹田鄉農業生產極為活潑，農作物種類非常多樣化，檸檬、蓮霧、香蕉等各類蔬果均分布於各村中，隨著臺灣社會型態由農業社會逐漸轉型為工商業社會，竹田鄉農業也開始邁向休閒化農業，其中最明顯的就是花卉栽培，文蘭心、火鶴花都是外銷世界各地的熱門產品。

頓物埤第二排水支線匯入龍頸溪，除提供竹田地區居民的灌溉、生活飲用，同時也是區域內最重要的排洪宣洩管道，由於現況多為未整治的土渠，排水兩岸農地土砂常因雨水沖刷入渠道中造成淤積，進而影響渠道的排洪能力。行政院農業委員會及屏東農田水利會依據屏東縣管區排東港溪水系排水系統規劃，於流域綜合治理計畫內進行頓物埤第二排水支線改善，工程設計為考量友善生態環境，採渠道不封底以補注地下水源，加深護岸基礎設施，加強護岸抗滑能力並防止渠底受水流沖刷掏空之疑慮，同時考量民眾遊憩及環境相容性，以造型模板鋪設渠牆，設有仿木欄杆及行人步道，並入選為 108 年度優良農業建設工程獎佳作，後續搭配種植於護坡上之風鈴木，將成為本地之重點地標之一。

頓物埤第二排水支線改善工程（第 1 期）

執行單位：臺灣屏東農田水利會
完工時間：108 年 5 月
保護面積：28.5 公頃
工程內容：排水路 317 公尺
坐標位置：22.5692 N, 120.5330 E

❶❷❸ 頓物埤第二排水支線

　　本排水路於整治時考量民眾遊憩及環境相容性，以造型模板鋪設渠牆，設有仿木欄杆及行人步道，並入選為 108 年度優良農業建設工程獎佳作，後續搭配種植於護坡上之風鈴木，將成為本地之重點地標之一。本工程落差工以小階梯跌水及不同坡度混凝土鋪塊石，營造魚類及生物移動通道，極具生態工程原則設計。

❹ 竹田驛園

　　竹田車站初建於西元 1919 年，屬日式傳統「四柱造」建築形式，與集集及保安車站，同為臺灣目前僅剩之三座木造火車站，2000 年後結合周邊設施整體規劃改造，命名為「竹田驛園」。

農田排水治理工程成果圖輯

屏東縣新埤鄉大潮州人工湖

流域綜合治理計畫

農田排水治理工程成果圖輯

發 行 人：陳吉仲

總 編 輯：謝勝信

副總編輯：陳衍源

主　　編：林國華　陳彥圖

編審委員：吳金水　沈寬堂　鄭茂寅　虞國興　林尉濤　蔡明華

執行編輯：蘇騰鉉　游鵬叡　侯玉娟　宋建樺　闕帝旺　許淑媚

美術設計：邵仲毅　王瀞慧

編　　印：財團法人台灣水資源與農業研究院

協力單位：臺灣宜蘭農田水利會、臺灣南投農田水利會、臺灣彰化農田水利會
　　　　　臺灣雲林農田水利會、臺灣嘉南農田水利會、臺灣屏東農田水利會

發行機關：行政院農業委員會

地　　址：10014 臺北市中正區南海路 37 號

電　　話：(02)2381-2991

出版日期：中華民國 108 年 12 月

GPN：1010802729

ISBN：978-986-5440-69-5

定價：新台幣 600 元整（POD授權印製）